A.K. Awasthi
Arun Kumar Garov

Modelação dinâmica relacionada com aplicações matemáticas

A.K. Awasthi
Arun Kumar Garov

Modelação dinâmica relacionada com aplicações matemáticas

Modelação Matemática

ScienciaScripts

Imprint
Any brand names and product names mentioned in this book are subject to trademark, brand or patent protection and are trademarks or registered trademarks of their respective holders. The use of brand names, product names, common names, trade names, product descriptions etc. even without a particular marking in this work is in no way to be construed to mean that such names may be regarded as unrestricted in respect of trademark and brand protection legislation and could thus be used by anyone.

Cover image: www.ingimage.com

This book is a translation from the original published under ISBN 978-620-7-99590-5.

Publisher:
Sciencia Scripts
is a trademark of
Dodo Books Indian Ocean Ltd. and OmniScriptum S.R.L publishing group

120 High Road, East Finchley, London, N2 9ED, United Kingdom
Str. Armeneasca 28/1, office 1, Chisinau MD-2012, Republic of Moldova, Europe
Managing Directors: Ieva Konstantinova, Victoria Ursu
info@omniscriptum.com

Printed at: see last page
ISBN: 978-620-8-59200-4

Conteúdo

Prefácio

Este livro analisa em profundidade a modelação dinâmica relacionada com aplicações matemáticas. Fornece uma visão geral da história, introdução, tipos e várias ferramentas de análise de dados para modelação e simulação dinâmicas. Explica as equações diferenciais, integrais e de diferenças utilizadas na modelação dinâmica, bem como as equações lineares na modelação dinâmica.

Os diferentes capítulos abordam os vários aspectos da modelação matemática, como modelos lineares em tempo discreto na dinâmica populacional, dinâmica linear de predadores e presas e modelo linear de divisão celular. Aborda também a solução gráfica de equações diferenciais de primeira ordem e alguns exemplos de resolução de equações diferenciais autónomas simples. Por último, o livro analisa os modelos para a árvore filogenética e as várias questões e desafios associados.

Este livro foi escrito com a intenção de fornecer uma visão geral da modelação dinâmica e das suas aplicações matemáticas relacionadas, que beneficiaria estudantes e investigadores em matemática, biologia e engenharia.

CAPÍTULO 1

MODELAÇÃO DINÂMICA

1.1 História

A modelação dinâmica tem as suas raízes no trabalho de Gottfried Leibniz, que popularizou pela primeira vez a utilização de equações diferenciais para compreender o movimento de objectos no mundo físico no final do século XVII. Esta nova abordagem à análise de sistemas físicos marcou um afastamento dos métodos mais estáticos de Aristóteles, que tinha desenvolvido uma descrição do movimento recorrendo a provas qualitativas.

No século XIX, a modelação dinâmica ganhou popularidade com o trabalho de Joseph Louis Lagrange, que desenvolveu uma poderosa estrutura matemática para analisar as trajectórias de objectos sujeitos a múltiplas forças em interação. A sua técnica consiste em reduzir várias equações diferenciais a uma única equação de movimento. O trabalho de Lagrange influenciou fortemente a modelação dinâmica e foi de particular importância no domínio da dinâmica clássica.

No século XX, novas técnicas matemáticas desenvolvidas a partir do trabalho de Albert Einstein permitiram uma compreensão muito mais profunda do mundo físico. A teoria da relatividade geral de Einstein introduziu a noção de espaço-tempo curvo, que abriu a possibilidade de utilizar modelos dinâmicos para compreender o movimento de objectos no espaço e no tempo curvos.

No século XXI, a modelação dinâmica tornou-se ainda mais poderosa com o desenvolvimento de modelos informáticos potentes, permitindo a simulação de sistemas complexos com uma precisão sem precedentes. Os modelos dinâmicos são também utilizados para estudar o comportamento dos mercados financeiros, sistemas biológicos e outros sistemas complexos.

Atualmente, a modelação dinâmica continua a ser uma parte importante do processo de investigação científica, e as técnicas desenvolvidas ao longo da sua história deram-nos uma visão mais profunda do mundo físico do que nunca.

1.2 Introdução

A modelação dinâmica é um tipo de técnica de modelação utilizada em modelos científicos em que são utilizadas equações matemáticas para descrever o comportamento do sistema ao longo do tempo a partir de um conjunto inicial de condições. Este tipo de modelação é utilizado para explorar as relações entre factores e para compreender o efeito dos factores no comportamento do sistema.

A modelação dinâmica pode ser utilizada para analisar uma grande variedade de sistemas, tais como redes de reacções químicas, processos celulares, sistemas ambientais, processos biológicos, etc.

Na modelação dinâmica, um sistema é definido em termos de variáveis, equações e condições iniciais. As variáveis correspondem a medições e estados do sistema, que actuam como entradas ou saídas. As equações são utilizadas para descrever as alterações nos estados do sistema ao longo do tempo. As condições iniciais definem o estado inicial do sistema.

Uma vez estabelecido um modelo, este pode ser utilizado para prever o comportamento de um sistema em diferentes condições ou cenários. Ao simular alterações no sistema, os investigadores podem aprender mais sobre o funcionamento do sistema e explorar a resposta do sistema a várias entradas e condições. Teoricamente, a modelação dinâmica consiste na construção de um sistema matemático baseado num conjunto de equações que descrevem o comportamento do sistema ao longo do tempo. Neste sentido, pode ser visto como um sistema de equações diferenciais, variáveis interdependentes e interactivas e quantidades observáveis.

A modelação dinâmica prática envolve pegar nestes modelos matemáticos e utilizá-los para simular processos ou fenómenos reais. Isto inclui a recolha de dados de campo do sistema em estudo e a sua utilização para compreender melhor o que está a acontecer, desenvolver cenários alternativos e planear o futuro.

No domínio da física, um sistema pode ser representado utilizando a mecânica clássica e as leis do movimento de Newton. A posição de uma dada massa num espaço pode ser descrita como uma função do tempo. Por sua vez, a velocidade e a aceleração da massa podem ser descritas como funções contínuas do tempo. Utilizando conceitos como a conservação da energia e as relações trabalho-potência-energia, pode desenvolver-se um sistema matemático que modele com precisão o movimento da massa. Em termos práticos, isto permitiria a um cientista prever o comportamento de uma massa (por exemplo, a sua posição após um certo período de tempo) dada a sua posição inicial e a quantidade de energia que lhe é fornecida.

Em ecologia, os modelos dinâmicos são utilizados para descrever populações, teias alimentares, comunidades e ecossistemas. Isto inclui considerações sobre recursos, capacidade de carga, competição, predação e muito mais. Os princípios científicos utilizados em ecologia são semelhantes aos da física, mas centram-se mais nas interações entre espécies e na forma como estas se afectam mutuamente. Ao analisar as várias dinâmicas em ação, podem ser criados modelos matemáticos que reflectem com precisão o comportamento de um ecossistema ao longo do tempo.

A modelação dinâmica também é utilizada em muitos outros domínios e pode ser levada da teoria à prática através da utilização dos princípios científicos subjacentes ao sistema que está a ser estudado. Com uma melhor compreensão destes princípios, os estudantes de ciências podem entender melhor como os modelos dinâmicos informam as suas disciplinas e podem tomar decisões mais informadas na sua própria investigação.

1.3 Tipos de modelação dinâmica

Tipos de modelação dinâmica

- Modelação baseada em agentes
- Modelação da dinâmica de sistemas
- Modelação de equações diferenciais parciais
- Simulação de Eventos Discretos
- Modelação de redes
- Modelação de autómatos celulares

1. **Modelação baseada em agentes:** Este tipo de modelo é frequentemente utilizado em ecologia, geociências e biologia. É um tipo de modelo de simulação que ajuda a explicar sistemas complexos através da utilização de agentes que interagem individualmente. Os agentes podem ser qualquer coisa, desde moléculas, células, organismos ou seres humanos, e a forma como interagem e tomam decisões ajuda a explicar o comportamento coletivo desses agentes e fornece informações sobre fenómenos de maior escala.
2. **Modelação da dinâmica de sistemas:** A dinâmica de sistemas é uma abordagem de modelação baseada em computador utilizada para representar o comportamento de sistemas sociais e ecológicos ao longo do tempo. Os modelos permitem aos investigadores visualizar o comportamento de sistemas complexos e desenvolver melhores previsões de como esses sistemas se comportam. Este tipo de modelo é normalmente utilizado para resolver problemas complexos de tomada de decisões e é especialmente útil para ajudar a compreender os ciclos de retroação entre as variáveis ambientais, os efeitos a nível da população e os sistemas sociais e ecológicos dinâmicos complexos que lhes estão associados.

3. Modelação de equações diferenciais parciais: Os modelos de equações diferenciais parciais (PDE) são modelos matemáticos que descrevem o comportamento e as interações entre sistemas físicos ao longo do tempo e do espaço. Este tipo de modelo é normalmente utilizado em áreas como a física, a engenharia e a economia, e pode ajudar a explicar em pormenor o comportamento de sistemas complexos.

4. Simulação de Eventos Discretos: A Simulação de Eventos Discretos (DES) é um tipo de simulação que captura o comportamento de um sistema como uma seqüência de eventos ao longo do tempo. Na DES, cada parte de um sistema é simulada individualmente e as alterações no sistema são registadas como eventos. O modelo pode ser utilizado para analisar diferentes cenários e examinar os impactos de diferentes decisões no comportamento do sistema.

5. Modelação de redes: A modelação de redes é um tipo de modelação dinâmica que analisa as ligações entre diferentes entidades num sistema. Estes modelos ajudam a explicar a dinâmica de uma rede e as relações entre os nós de diferentes redes. Este tipo de modelo é particularmente útil para compreender como a informação se espalha, como os recursos são afectados nos sistemas e como diferentes sistemas dinâmicos interagem.

6. Modelação de autómatos celulares: Os Autómatos Celulares (AC) são uma técnica de modelação que utiliza uma grelha de células para representar um sistema. Cada célula pode estar num de vários estados diferentes, e o comportamento do sistema é determinado pelas interações entre as células. Os modelos de AC são utilizados para estudar sistemas com muitos elementos concorrentes e em interação, tais como ecossistemas, epidemias ou sistemas económicos.

1.4 Ferramentas de análise de dados para modelação e simulação dinâmica

1. MATLAB: O MATLAB é desenvolvido pela MathWorks e fornece um ambiente integrado para análise numérica, visualização de dados, desenvolvimento de programas e prototipagem de aplicações. Uma das mais poderosas ferramentas de análise de dados para modelação dinâmica, o MATLAB oferece funções avançadas para analisar, modelar e simular dados. Suporta vários tipos de modelos dinâmicos, tais como dinâmicas lineares, dinâmicas não lineares, sistemas mecânicos, modelos de processos químicos, entre outros.

Vantagens do MATLAB

O MATLAB é uma ferramenta poderosa para modelação dinâmica. Suporta uma vasta gama de formatos de dados e pode ser utilizado para análise estatística, desenho e visualização de modelos dinâmicos. Possui uma grande variedade de algoritmos para otimização, previsão e análise de séries temporais. Também pode ser utilizado para criar funções ou scripts personalizados para modelos dinâmicos.

Desvantagens do MATLAB

O MATLAB é um programa dispendioso e tem uma curva de aprendizagem acentuada para os utilizadores que não têm conhecimentos profundos de programação. Não oferece funcionalidades para colaboração em tempo real e requer um pouco de codificação manual para criar e manipular modelos dinâmicos.

2. **Wolfram Mathematica:** O Wolfram Mathematica é um ambiente computacional abrangente para análise de dados, visualizações científicas, e cálculos numéricos. Ele oferece um poderoso conjunto de funções e ferramentas avançadas de modelagem dinâmica, como resolução de equações diferenciais, manipulação de equações simbólicas, desenvolvimento de modelos biológicos, e muito mais.

3. **Python:** Python é uma linguagem de programação de código aberto multiplataforma. Pode ser utilizada para modelação dinâmica através da combinação de bibliotecas como NumPy, SciPy e Matplotlib para uma análise e visualização de dados eficiente. Permite aos utilizadores desenvolver modelos dinâmicos e automatizar as análises rapidamente.

Vantagens do Python:

- Python é uma linguagem muito fácil de aprender, o que a torna ideal para principiantes. A sintaxe é simples e o código é fácil de compreender. É altamente versátil, o que lhe permite criar aplicações ou analisar dados de forma rápida e eficiente.
- Python tem muitas bibliotecas poderosas como Numpy, Pandas e Matplotlib. Estas bibliotecas facilitam a manipulação de dados de forma rápida e exacta.
- Python é uma linguagem interpretada, o que significa que é mais rápido depurar e corrigir erros, e não é necessário compilar o código antes de o executar.
- Python é de código aberto e de utilização gratuita, pelo que pode começar o seu projeto sem ter de comprar software caro.

Desvantagens do Python:

- O Python pode ser lento em comparação com outras linguagens, como o C++. Se precisar de otimizar o desempenho, poderá ter de utilizar uma linguagem diferente.
- Python não é tão adequado para aplicações móveis como outras linguagens, como Java ou Swift.
- Sendo uma linguagem interpretada, o Python é menos seguro do que outras linguagens porque é mais fácil efetuar engenharia inversa do código-fonte.

4. R: R é uma linguagem de código aberto para computação estatística e gráficos. É utilizada principalmente para explorar e manipular conjuntos de dados e criar modelos estatísticos. Oferece uma vasta gama de funções e ferramentas de modelação dinâmica, incluindo modelos lineares e não lineares e opções flexíveis de visualização gráfica.

Vantagens do R:

- O R é uma linguagem muito poderosa para a análise de dados e é excelente para a análise estatística.
- O R tem uma vasta gama de pacotes que oferecem muitas funcionalidades poderosas para a manipulação, análise e visualização de dados.
- O R é de código aberto e de utilização gratuita, o que o torna atrativo para investigadores e cientistas de dados.
- R é também uma linguagem interpretada, o que significa que pode ser rapidamente depurada e corrigida.

Desvantagens do R:

- O R não é tão rápido como outras linguagens, como o C++ ou o Java, e pode ser difícil otimizar o código para obter desempenho.
- O R não é adequado para o desenvolvimento móvel, uma vez que não suporta atualmente sistemas operativos móveis como o iOS ou o Android.
- O R é também uma linguagem de scripting, que não é tão segura como as linguagens compiladas como Java ou C++.

5. Scala: Scala é uma linguagem de programação de uso geral concebida para trabalhar com modelos dinâmicos complexos e de grande escala. É compatível com Java e pode ser utilizada para criar aplicações de análise de dados altamente escaláveis e interactivas. Utiliza técnicas de computação paralela para acelerar as tarefas de análise de dados.

6. **MATSim:** MATSim (Multi-Agent Transport Simulation) é uma plataforma de software para simulação de fluxos de tráfego. É utilizada para modelar e simular padrões de mobilidade multiagente e multimodal e avaliar políticas de tráfego.

7. **NetLogo:** O NetLogo é uma plataforma de software de código aberto para modelação e simulação baseadas em agentes. Foi concebida para modelação e visualização interactivas e inclui uma vasta gama de ferramentas para análise e depuração de modelos.

8. **Simulink:** O Simulink é um ambiente gráfico para modelação dinâmica e simulação de sistemas físicos. É utilizado para desenvolver, simular e testar sistemas de controlo incorporados em vários domínios de aplicação, tais como aeroespacial, automóvel, automação industrial e processos ambientais. Também é fornecido com várias caixas de ferramentas para ferramentas de design baseadas em modelos para simular componentes do sistema.

9. **SimSci Pro/II:** O SimSci Pro/II é um conjunto de software para modelação, monitorização, simulação, otimização e controlo de instalações. Este software permite aos utilizadores criar modelos de simulação de processos com comportamento dinâmico, incluindo a simulação de operações relacionadas com o controlo de processos, como a afinação e a otimização. Oferece também um mapeamento de processos de fácil utilização e permite um acesso rápido a ajuda e sugestões online.

10. **Lab View:** O LabView é uma linguagem de programação e um ambiente de desenvolvimento para a criação de interfaces gráficas de utilizador (GUIs) em . Também fornece ferramentas para adquirir, analisar, visualizar e apresentar dados de experiências numa variedade de campos de aplicação. Além disso, o LabView suporta a simulação dinâmica em tempo real de sistemas dinâmicos.

1.5 Equações diferenciais utilizadas na modelação dinâmica

As equações diferenciais são ferramentas matemáticas fundamentais utilizadas para modelar sistemas dinâmicos. São um tipo de equação que pode ser utilizado para descrever o comportamento de sistemas físicos e biológicos em que a taxa de variação de uma variável dependente é determinada por diversas variáveis independentes. Qualquer sistema físico ou biológico que apresente uma mudança de estado ao longo do tempo pode ser modelado e descrito por um sistema de equações diferenciais. Exemplos comuns incluem o crescimento populacional, a transferência de calor, os circuitos eléctricos e o movimento de partículas.

Uma equação diferencial pode ser escrita na forma

dx/dt = f(t, x), em que x é um vetor de variáveis de estado (variáveis dependentes) e t é a variável independente (tempo). O lado direito da equação (f) contém um conjunto de parâmetros (normalmente constantes) e termos que descrevem a forma como cada uma das variáveis de estado afecta as outras variáveis de estado.

A solução para estas equações é uma função x(t) que dá o valor de x em qualquer momento t. Estas equações são ferramentas muito poderosas porque nos permitem prever o comportamento de um sistema dadas certas condições iniciais.

Existem várias técnicas para resolver equações diferenciais:

i. **Método de Euler:** Este método consiste em dividir a equação em pequenos intervalos e depois aproximar a solução adicionando sucessivamente pequenos incrementos do vetor solução desconhecido x(t).

ii. **Método de Runge-Kutta:** Esta técnica envolve a aproximação da solução da equação utilizando uma expansão em série de Taylor de quarta ordem.

iii. **Método da Transformada de Laplace:** Este método envolve a utilização da transformada de Laplace para resolver uma equação diferencial, transformando-a num problema algébrico.

iv. **Método das diferenças finitas:** Estes métodos envolvem a discretização da equação diferencial utilizando diferenças finitas para a frente ou para trás e, em seguida, resolvendo a equação aproximada resultante.

v. **Método Integral Particular:** Estes métodos são utilizados para resolver equações diferenciais lineares e homogéneas. Envolvem a procura de soluções particulares da equação que satisfaçam determinadas condições de fronteira.

Estes são apenas alguns dos muitos métodos utilizados para resolver equações diferenciais. As equações diferenciais são utilizadas em quase todos os ramos da ciência, engenharia e matemática, e são uma ferramenta indispensável na modelação de sistemas dinâmicos.

Na modelação dinâmica, as equações diferenciais são utilizadas para descrever ou modelar a natureza variável de um sistema. Como as soluções para as equações diferenciais podem representar o comportamento de um sistema ao longo do tempo, estas equações são componentes chave dos modelos matemáticos utilizados na ciência, engenharia e economia.

1.6 Equações integrais utilizadas na modelação dinâmica

As equações integrais são ferramentas muito úteis na modelação dinâmica. Podem ser utilizadas para estudar sistemas que envolvem uma vasta gama de informações, incluindo comportamentos dependentes do tempo e entradas não constantes.

As equações integrais são equações matemáticas que envolvem um ou mais integrais. Uma equação integral é geralmente escrita como:

$$\int_{a}^{b} f(x, \theta) dx = g(\theta)$$

onde a e b são limites finitos de integração, $f(x, \Theta)$ é uma função conhecida de x e uma dada constante Θ, e </(0) é uma dada função de Θ.

Na modelação dinâmica, as equações integrais podem ser utilizadas para representar o comportamento de um sistema à medida que este se altera ao longo do tempo. Por exemplo, podem ser utilizadas para estudar a excitação e o amortecimento de um sistema, bem como a sua resposta a um input externo. Podem também ser utilizadas para captar os efeitos do ruído e das perturbações aleatórias num sistema.

Utilizando técnicas como as transformadas de Laplace, as séries de Fourier ou a análise espetral, as equações integrais podem ser resolvidas para obter a resposta temporal de um sistema a entradas externas. Elas também podem ser usadas para calcular os ganhos necessários do controlador para um comportamento estável do sistema.

As equações integrais são um tipo de equações que envolvem a integração de uma função num intervalo. São utilizadas na modelação dinâmica para descrever as alterações de um sistema ao longo do tempo, porque nos permitem considerar toda a duração da evolução do sistema em vez de pontos discretos no tempo.

Por exemplo, uma equação integral comummente utilizada é a equação diferencial:

$$\frac{dx}{dt} = f(x, t)$$

em que x é a variável dependente, t é a variável independente e f(x,t) é a taxa de variação de X em relação a t. Esta equação pode ser reescrita como uma equação integral, integrando ambos os lados no intervalo t=To a t=Tf:

$$x(T_f) - x(T_0) = \int_{T_0}^{T_f} f(x,t)dt.$$

Nesta equação, x(T^) é o valor da variável dependente x no final do intervalo t = T_o a t = T_f. Além disso, o integral da taxa de variação de x em relação a t durante esse intervalo dá a variação total de x durante esse período. Esta equação integral pode então ser resolvida para determinar o valor de x em qualquer ponto t do intervalo.

As equações integrais são também utilizadas para descrever sistemas com dinâmica não linear, uma vez que podem ser utilizadas para descrever relações não lineares entre diferentes variáveis. Por exemplo, os sistemas auto-reguladores utilizam frequentemente equações integrais da forma:

$$x(T_f) - x(T_0) = \int_{T_0}^{T_f} f(x,t)dt,$$

em que F(x,t) é uma função não linear. Esta equação pode então ser resolvida para determinar o valor de X em qualquer ponto t do intervalo.

As equações integrais são também utilizadas em sistemas com múltiplas variáveis, descrevendo as interações entre as variáveis. Por exemplo, um sistema de duas equações para as variáveis x e y pode ser escrito como:

$$\frac{dx}{dt} = f(x,y,t)$$
$$\frac{dy}{dt} = g(x,y,t)$$

Estas duas equações podem então ser combinadas para formar uma equação integral da forma:

$$x(T_f) - x(T_0) = \int_{T_0}^{T_f} F(x,y,t)dt,$$
$$y(T_f) - y(T_0) = \int_{T_0}^{T_f} G(x,y,t)dt.$$

Estas equações integrais podem então ser resolvidas para determinar os valores de x e y em qualquer ponto t do intervalo.

As equações integrais também podem ser utilizadas para descrever a evolução de um sistema ao longo do tempo, considerando o integral das equações dinâmicas do sistema ao longo de todo o tempo. Por exemplo, as equações

$$\frac{dx}{dt} = f(x, y, t)$$

$$\frac{dy}{dt} = g(x, y, t)$$

pode ser escrito como uma única equação integral da forma:

$$X(T_f) - X(T_0) = \int_{T_0}^{T_f} [f(x, y, t) + g(x, y, t)]dt,$$

Esta equação pode então ser resolvida para determinar a evolução do sistema ao longo de todo o intervalo To a Tf.

As equações integrais são ferramentas poderosas para a modelação dinâmica porque permitem a modelação de um sistema ao longo de toda a duração da sua evolução em vez de pontos discretos no tempo. Ao considerar o integral da taxa de variação ao longo de todo o intervalo, podem ser utilizadas para descrever relações não lineares entre diferentes variáveis e também para descrever a evolução de um sistema ao longo de todo o intervalo.

1.7 Equações diferenciais de primeira ordem em modelação dinâmica

As equações diferenciais de primeira ordem são uma ferramenta importante para a modelação de sistemas dinâmicos em matemática. Uma equação diferencial de primeira ordem é uma equação diferencial da forma

$$\frac{dy}{dt} = f(t, y)$$

em que y é uma função do tempo t e f é uma função que descreve o comportamento do sistema. Esta equação descreve como a taxa de variação da função y em relação ao tempo está relacionada com a própria função y. As soluções para essas equações podem ser usadas para descrever o comportamento de um sistema dinâmico ao longo do tempo.

A solução geral de uma equação diferencial de primeira ordem é dada pelo integral

$$y(t) = \int_a^t f(\tau, y(\tau))\, d\tau + y_0$$

onde a é uma constante, yo é a condição inicial, e o integral é tomado ao longo do eixo real de a a t.

Para resolver a equação, precisamos de encontrar uma função específica y(t) que satisfaça a equação diferencial dada.

A técnica mais comum utilizada para resolver uma equação diferencial de primeira ordem é a separação de variáveis. Esta técnica permite-nos reescrever a equação em termos de duas equações mais simples. Por exemplo,

$$\frac{dy}{dt} = f(t,y) \Leftrightarrow dy = f(t,y)dt \Leftrightarrow \int dy = \int f(t,y)\,dt$$

Isto permite-nos resolver y(t) integrando ambos os lados da equação.

Para sistemas mais complexos, podem ser utilizados métodos numéricos, como o método de Euler ou o método de Runge-Kutta, para aproximar as soluções da equação. Estes métodos envolvem a utilização de uma combinação de integração numérica e aproximações das derivadas da equação. Estas técnicas podem ser utilizadas para resolver uma variedade de equações diferenciais de primeira ordem e são úteis para modelar sistemas dinâmicos.

Uma equação diferencial de primeira ordem é uma equação que envolve apenas uma variável independente, geralmente denotada por x, e a sua derivada. É utilizada para representar a variação de uma quantidade em relação a outra dependente do tempo, no que se refere a um determinado sistema matemático. Assim, estas equações são utilizadas para construir modelos matemáticos para sistemas físicos, a fim de observar e prever o comportamento ao longo do tempo.

1.7.1 Exemplos de equações diferenciais de primeira ordem:

1. Leis de taxas diferenciais:

As leis de velocidade diferencial são utilizadas para descrever a velocidade de uma reação química em função das suas concentrações de reagentes. Um exemplo de uma equação diferencial utilizada neste tipo de modelo é:

$$\frac{d[A]}{dt} = -k[A]^2$$

Onde [A] é a concentração do reagente A, κ é a constante de velocidade e t é o tempo. Esta equação descreve o decaimento exponencial do reagente A ao longo do tempo.

2. Equações diferenciais logísticas:

As equações diferenciais logísticas são frequentemente utilizadas na modelação de populações, uma vez que modelam o crescimento do tamanho de uma população em função do tempo sob condições limitadas. Um exemplo de uma equação diferencial logística é:

$$\frac{dy}{dt} = ry\left(1 - \frac{y}{k}\right)$$

Onde y é o tamanho da população, r é a taxa intrínseca de aumento, t é o tempo, e K é a capacidade de carga do ambiente. Esta equação descreve como o tamanho da população aumenta exponencialmente até à capacidade de carga.

3. Equações de balanço de massa:

As equações de balanço de massa também são normalmente utilizadas na modelação dinâmica. Neste caso, a equação tem em conta as concentrações de várias espécies numa reação, bem como quaisquer substâncias que possam ser adicionadas ou removidas do sistema. Um exemplo de uma equação de balanço de massa é:

$$\frac{dC}{dt} = q(t) - k_1C^2 - k_2C$$

Onde C é a concentração de uma espécie, t é o tempo, q(t) é a taxa de adição ou remoção da espécie, e ki e кг são constantes de taxa. Esta equação descreve como a concentração de uma espécie se altera ao longo do tempo devido à adição ou remoção da espécie e à sua taxa de reação com outras espécies.

7.8 Equações lineares em modelação dinâmica

A modelação dinâmica é um método matemático utilizado para analisar um sistema, muitas vezes sob a forma de um modelo de processo, para estudar o seu comportamento ao longo do tempo. Isto envolve frequentemente a escrita de um conjunto de equações diferenciais para descrever o comportamento dinâmico do sistema.

Uma equação linear é uma equação em que as variáveis são multiplicadas por constantes e adicionadas.

Isto pode ser expresso como uma equação da forma:

$$ax + by + cz + ... = d$$

Onde a, b, c,... e d são constantes e x, y, e z,... são variáveis.

Na modelação dinâmica, as equações lineares são utilizadas principalmente para descrever a taxa de variação de uma determinada quantidade ao longo do tempo. Essa taxa de variação pode ser expressa como uma derivada da quantidade em relação ao tempo. Por exemplo, se a quantidade for a posição, podemos escrever uma equação linear como

$$dx/dt = V$$

Onde x é a posição e v é a velocidade. Esta equação pode ser rearranjada para resolver para x, resultando na equação

$$X = xo + vt$$

Onde xo é a posição inicial e t é o tempo.

As equações lineares também podem ser usadas para modelar o comportamento de um sistema de entrada e saída. Normalmente, isso é feito usando a Transformada de Laplace, que é uma técnica matemática para resolver equações lineares com entradas e saídas dependentes do tempo.

Por exemplo, considere um sistema com um sinal de entrada x(t) e um sinal de saída y(t). A relação entre os dois pode ser expressa com a equação linear

$$sY(s) = G(s)X(s)$$

Onde s é a variável da transformada de Laplace, Y(s) é a transformada de Laplace do sinal de saída, G(s) é a transformada de Laplace da função de transferência do sistema e X(s) é a transformada de Laplace do sinal de entrada.

Estas equações podem então ser resolvidas para determinar o sinal de saída y(t) a partir do sinal de entrada x(t).

Em conclusão, as equações lineares são uma ferramenta importante para a modelação dinâmica e podem ser utilizadas para descrever tanto a taxa de variação de uma quantidade ao longo do tempo como a relação de entrada/saída de um sistema.

As equações não lineares na modelação dinâmica descrevem a evolução temporal do comportamento de um sistema sob várias influências externas. Em matemática, as equações não lineares são equações que não são lineares, o que significa que as suas soluções não podem ser expressas por uma combinação linear das variáveis independentes. As equações não lineares são utilizadas na modelação dinâmica para captar e explicar fenómenos físicos que não podem ser captados através de uma equação linear, como o comportamento de sistemas mecânicos complexos, a dinâmica de fluidos, a dinâmica populacional e as reacções químicas. Estas equações não lineares têm uma vasta gama de aplicações em domínios como a mecânica, a economia, a biologia, a engenharia e muitos outros.

As equações não lineares em modelação dinâmica, como as equações de movimento, são normalmente expressas numa forma semelhante à conhecida como equação diferencial. Uma equação diferencial é uma equação que exprime a relação entre uma variável desconhecida (a variável dependente) e as suas derivadas (uma ou mais variáveis que são derivadas da original). As equações diferenciais são frequentemente utilizadas na modelação dinâmica porque captam a taxa de variação das variáveis dependentes em função das variáveis independentes. Por exemplo, a equação de movimento pode ser expressa como uma equação diferencial da forma:

$F(x,y,t) = ma$,

em que F(x,y,t) é a força que actua no objeto, m é a massa do objeto e a é a aceleração do objeto.

As equações não lineares são também utilizadas na modelação dinâmica para descrever o comportamento de sistemas complexos, como as redes neuronais e os sistemas de controlo. Estas equações assumem frequentemente a forma de um sistema de equações, que são equações que contêm múltiplas variáveis e são normalmente expressas como um conjunto de equações diferenciais. Por exemplo, as equações de movimento de uma rede neural podem ser expressas como um sistema de equações diferenciais da forma:

$\Delta\chi = f(x, t)$,

onde x é o vetor das variáveis de estado do sistema, t é o tempo e f é um vetor de funções não lineares.

Na modelação dinâmica, as equações não lineares também podem ser utilizadas para descrever o comportamento de sistemas caóticos. A teoria do caos é um ramo da matemática que estuda o comportamento de certos sistemas dinâmicos que se caracterizam por uma extrema sensibilidade às condições iniciais. As equações que descrevem esses sistemas são geralmente não lineares e podem ser expressas como um sistema de equações diferenciais da forma:

$\Delta\chi = f(x, t)$,

em que x é o vetor das variáveis de estado do sistema, t é o tempo e f é um vetor de funções não lineares.

As equações não lineares são uma ferramenta importante na modelação dinâmica e são utilizadas para captar e explicar fenómenos físicos que não podem ser captados por equações lineares. Estas equações podem assumir uma grande variedade de formas, incluindo equações diferenciais e sistemas de equações, e podem ser utilizadas para modelar uma vasta gama de fenómenos físicos, desde o movimento e a dinâmica de fluidos até ao caos.

Em matemática, uma equação de diferença é uma equação que descreve a relação entre uma sequência de termos numa relação de recorrência. Estas equações são utilizadas na modelação dinâmica, uma vez que estabelecem a relação de causa e efeito entre o termo atual e os termos subsequentes da sequência.

7.9 Equações de diferença em modelação dinâmica

Em geral, as equações de diferença são da forma

$$x(n) = f(x(n-l), x(n-2), ..., x(n-k))$$

em que a função f é composta por uma constante e qualquer combinação de operadores (como a adição, a subtração, a multiplicação e a divisão) e funções (como o seno, o cos e a exponencial).

A solução para uma equação de diferenças pode ser encontrada resolvendo iterativamente para x(n-l), x(n-2) etc., até que todas as variáveis sejam expressas em termos do termo mais recente.

A modelação dinâmica pode beneficiar muito com as equações de diferenças, uma vez que estas fornecem meios convenientes e fiáveis para descrever, analisar e traçar a resposta de um sistema ao longo do tempo. Por exemplo, as equações de diferenças são normalmente utilizadas na modelação económica para prever tendências futuras, como o movimento dos preços ou a inflação. Também são amplamente utilizadas em biologia e ciência da computação.

CAPÍTULO 2

MODELAÇÃO MATEMÁTICA:

MODELOS LINEARES DE TEMPO DISCRETO NA POPULAÇÃO DINÂMICA -1

2.1 Introdução

A modelação matemática é o processo de construção de descrições matemáticas, ou modelos, de sistemas do mundo real. Estes modelos podem ser utilizados para fazer previsões sobre o comportamento do sistema em várias condições ou para estudar os efeitos de diferentes alterações no sistema. Trata-se de uma ferramenta poderosa para estudar sistemas complexos e compreender o seu funcionamento. Os modelos matemáticos também podem ser utilizados para otimizar a conceção de sistemas ou para desenvolver estratégias para a sua gestão.

Os modelos lineares em tempo discreto são modelos matemáticos que utilizam equações lineares para descrever o comportamento de um sistema durante um período de tempo discreto. São utilizados para estudar o comportamento de sistemas dinâmicos, como os sistemas eléctricos ou mecânicos, ou para modelar o comportamento de sistemas financeiros ou económicos. Os modelos lineares em tempo discreto são uma ferramenta poderosa para analisar o comportamento de sistemas complexos e compreender como as alterações nos seus componentes afectam o sistema global.

Os modelos lineares em tempo discreto são utilizados para estudar a evolução de uma população ao longo do tempo. Estes modelos são utilizados para estudar as alterações na dimensão e composição da população, bem como a dinâmica da população. Também são utilizados para estudar as interações entre diferentes espécies, como a competição e a predação, e a forma como estas interações afectam o tamanho e a dinâmica da população. Os modelos baseiam-se no pressuposto de que a população se encontra num estado de equilíbrio e de que a sua dinâmica é determinada por um conjunto de equações lineares. Estas equações podem ser utilizadas para prever a forma como a população irá mudar ao longo do tempo e podem ser utilizadas para analisar os efeitos de diferentes factores, como alterações no ambiente ou a introdução de novas espécies, na população. Os modelos de dinâmica populacional também podem ser utilizados para compreender o impacto das alterações induzidas pelo homem no ambiente, como as alterações climáticas e a destruição do habitat.

2.2 Dinâmica das populações

- Com a atual população humana mundial de mais de 7,2 mil milhões de pessoas, é possível que se questione sobre a taxa de crescimento e as suas condições de sobrevivência.
- J.E. Cohen escreveu o livro "How Many People Can the Earth Support?" (Quantas pessoas pode a Terra suportar?). Neste livro, ele relata os factores históricos e científicos do mesmo.

- Mas a questão que se coloca é se podemos estudar estes factores matematicamente? Sim! A corrente da biociência que lida com estas questões é conhecida popularmente como Dinâmica das Populações.
- A modelação do crescimento da população como um sistema dinâmico impulsionado por processos biológicos e ambientais é designada por dinâmica populacional.
- Esta corrente inclui o estudo da capacidade de sobrevivência das populações com recursos limitados e lutando contra as doenças.

2.3 Modelo de coelho de Fibonacci

Consideremos o problema da geração de coelhos que foi originalmente postulado por Fibonacci.

Exemplo: - Um jovem par de coelhos, um de cada sexo, é colocado numa Islândia. Um casal de coelhos não se reproduz até aos 2 meses de idade. Quando tiverem 2 meses de idade, cada par produzirá outro par em cada mês.

Solução. Vamos supor que f_n é o número de pares de coelhos presentes após n meses, para n = 1, 2, 3, ... assim por diante.

fi = f(l) = Número de pares de coelhos após 1 mês = 1.

Í2 = f(2) = Número de pares de coelhos após 2 meses = 1.

Í3 = f(3) = Número de pares de coelhos após 3 meses = 1+1 = 2, e assim por diante.

- Assim, o modelo matemático (equação de diferenças lineares) terá a forma:

$$f(n) = f(n-1) + f(n-2), \text{ for } n \geq 3 \qquad \ldots\ldots\ldots\ldots\ldots (2.1)$$

2.4 Equação de Diferença Linear Homogénea

A forma geral da equação de diferenças homogénea linear de ordem "k" com coeficientes constantes é

$$A_n = C_1A_{n-1} + C_2A_{n-2} + C_3A_{n-3} + \cdots + C_kA_{n-k} \qquad \ldots\ldots\ldots\ldots\ldots\ldots (2.2)$$

Uma vez que é de ordem k, é necessário o mesmo número de condições iniciais. Digamos que

$$A_0 = a_0A_1 = a_1 \ldots\ldots A_{k-1} = a_{k-1}$$

<u>Procedimento para resolver o tipo de equação acima;</u>

1. Suponha que $A_n = {}^{m(n)}$ é a solução da equação e substitua-a na equação (2.2).
2. Esta equação será simplificada num polinómio de ordem k. É também designada por equação

auxiliar ou caraterística. As raízes da equação são chamadas raízes auxiliares ou caraterísticas e estas raízes ajudam a obter a forma explícita da solução.

Equação de Diferença Linear Homogénea

3. Se todas as raízes do polinómio caraterístico forem reais e distintas, a solução terá a forma de

$$A_n = b_1\alpha_1^n + b_2\alpha_2^n + \cdots + b_k\alpha_k^n \qquad \text{.............. .....} \; (2.3)$$

Onde, oц 's são raízes de poli, e bi 's são obtidos após a substituição dessas к condições iniciais para i = 1, 2,... ,,k.

4. Se uma das raízes, digamos al, tiver multiplicidade m, então a solução terá a forma de:

$$A_n = b_1\alpha_1^n + nb_2\alpha_1^n + \cdots + n^{m-1}b_m\alpha_1^n + b_{m+1}\alpha_2^n + \cdots + b_{m+k-1}\alpha_{k-m-1}^n \qquad (2.4)$$

5. Se as raízes estiverem em pares complexos conjugados, por exemplo, a = u ± iv, obtém-se a solução na forma de (para ordem 2)

$$b_1r^n\mathrm{Sin}(\theta n) + b_2r^n\mathrm{Cos}(\theta n), \qquad \text{...............} \; (2.5)$$

em que, $r^2 = u^2 + v^2$ e tan(0) = v/u para $0 < \theta < \pi$.

Estabilidade de uma Equação de Diferença Linear Homogénea:

- Se $|\alpha_i| < 1$ para todos i = 1,2,..,k então todas as raízes estão dentro do círculo unitário e, portanto, tendem para 0 à medida que n se aproxima de oo. Isto conduz à condição estável assintoticamente.

- Se $|\alpha_i| \leq 1$ para todos os i = 1, 2,...,к (pelo menos um dos a¡ tem magnitude 1), então chama-se condição estável.

- Se alguma das raízes disser |ai|> 1, então diverge e, portanto, torna o sistema instável.

Análise do modelo de coelho de Fibonacci:

- A representação matemática do modelo do coelho de Fibonacci é f(n) = f(n-l) + f(n-2) para todo n > 3.

- Para resolver esta equação de diferenças homogénea linear de segunda ordem, substituímos f(n) = m^n, pelo que a equação caraterística será $\mathbf{m^2 - m - 1 = 0}$. As raízes caraterísticas são $\mathbf{m = \frac{1\pm\sqrt{5}}{2}}$

- A solução requerida terá a forma de $f_n = C_1\left(\frac{1+\sqrt{5}}{2}\right)^n + C_2\left(\frac{1-\sqrt{5}}{2}\right)^n$

em que Ci, C2 são constantes. Usando as condições iniciais, a solução será

$$f_n = \frac{1}{\sqrt{5}}\left(\frac{1+\sqrt{5}}{2}\right)^n + \frac{1}{\sqrt{5}}\left(\frac{1-\sqrt{5}}{2}\right)^n \text{, for all } n \in N \quad \ldots\ldots (2.6)$$

- Veja a beleza da matemática ! Os números irracionais estão a dar um número natural em cada iteração, ou seja, para cada valor de n. (Interessante !!)
- Mais uma vez, como uma das raízes auxiliares é > 1, então esta equação aproximar-se-á do infinito à medida que n cresce com uma ordem de $0(\varepsilon^{1618})$, onde $\varepsilon = \frac{f_{n+1}}{f_n}$.

2.5 Modelo de divisão celular linear:

Suponha que uma divisão celular ocorre em simultâneo e que, em cada momento, a célula produz um número de células-filhas.

O número ou densidade de células no início do processo de divisão celular é Co.

Após n gerações, o número de células será C_n, dado como

$$C_n = \alpha C_{n-1} \text{ em que } \eta \in N \qquad (2.7)$$

n = número de geração.

Este modelo tem a forma de uma equação de diferenças lineares simples e é também conhecido como modelo de Malthus

nome do famoso economista inglês Thomas Robert Malthus.

Suponha agora que as células se estão a produzir a uma taxa b e que, simultaneamente, as células se estão a extinguir a uma taxa d.

Se a população celular estiver a mudar apenas devido a nascimentos e mortes de células, ou seja, sem qualquer efeito de migração, então C_n - C_n-i dá a diferença do número de nascimentos e mortes no intervalo t_n-i a t_n. Se b e d forem constantes, então C_n - Cn-i = (b - d) C_n-i, ou

$$C_n = (1 + b + d)C_{n-1} = \alpha_n C_0 \text{ onde } n \in N, (\text{for } \alpha = 1 + b - d) \quad ..(2.8)$$

Se for permitida a migração adicional de células com uma taxa constante de migração M (M>0 para imigração e M<0 para emigração), o modelo evoluído será:

$$C_n = \alpha C_{n-1} + M, \text{ where } n \in N. \quad \ldots\ldots\ldots\ldots\ldots\ldots\ (2.9)$$

Esta equação tem a forma de uma equação de diferenças linear não homogénea. A estabilidade da mesma pode ser analisada a partir da análise anterior.

2.5.1 Equação de Diferença Linear Não Homogénea:

A forma geral da equação de diferenças linear não homogénea de ordem "k" é

An + di An-i + d2 An-2 + ds $_{A(n)}$-3+ + dk A_n-k - f(n) .... (2.10)

Se f(n) for identicamente zero, então a equação acima transforma-se numa equação linear homogénea.

Se f(n) não for identicamente nula, então a solução A_n = C.F. + P.F., em que C.F. é chamada função complementar e P.F. é chamada função particular. A F.C. pode ser calculada pelo método descrito para as equações homogéneas lineares. O valor de P.F. depende da função forçante f(n).

Para calcular o F.P., a equação auxiliar tem um papel importante (lembre-se!). Seja g(m) a equação auxiliar correspondente da parte homogénea da equação não homogénea após a substituição de A_n = m^{11}.

Vamos agora discutir diferentes casos possíveis de f(n).

Case 1. Para f $f(n) = a^n$, then $P.F. = \frac{1}{g(a)} a^n$, desde que g(a) ψ 0.

Se g(a) = 0, então P $P.F. = \frac{1}{(m-a)^k} a^n = (nCk) a^{n-k}$ onde κ é o fator de multiplicidade pelo qual "a" ocorre como raiz em g(m).

Caso 2. Para f(n) = n^p, então $P.F. = \frac{1}{g(m)} n^p = \frac{1}{g(1+\Delta)} n^p$, g(m) gfl+Δ) '

Onde, o operador Δ é definido como: $\Delta([\eta]^p) = p.\ [n]^{p-1}$ e [.] é a notação fatorial definida como,

$$[n]^r = n(n-1)\dots(n-r+1)$$

Caso 3. Para f(n) = cos(kn) ou sin(kn), então

$$P.F. = \frac{1}{2i}\left[\frac{1}{g(m)} e^{ikn} + \frac{1}{g(m)} e^{-ikn}\right]$$

Onde, m = exp(ik). Mais uma vez, se g(m)=0, segue-se o mesmo procedimento referido na **etapa 1.**

2.5.2 Exemplo de uma equação de diferença linear não homogénea:

Questão: Resolva $y_{n+2} - 4y_n = 2^n - 1$ com y(0) = y(l) = 0.

Solução: Para C.F., Coloque y_n = $^{m(n)}$, isto leva à equação auxiliar como: g(m) = m^2 - 4 = 0.

As raízes auxiliares são $m = \pm 2$. So, C.F., $y_n = c_1(2)^n + c_2(-2)^n$

Para P.F.,

$$P.F.1(\text{for}2^n) = 0.25\left(n2^{n-1} - \frac{2^n}{4}\right);$$

$$P.F.2.(\text{for } n^2) = [(1+\Delta)^2 - 4]^{-1}(n^2)$$

$$\begin{aligned} P.F.3\ (\text{for } 1) = 1/3 &= [(1+\Delta)^2 - 4]^{-1}(n(n-1)+n) \\ &= [(1+\Delta)^2 - 4]^{-1}([n]^2 + [n]) \\ &= -1/3\ [[n]^2 + 7[n]/3 + 20/9] \\ &= -1/3\ [n^2 + 4n/3 + 20/9] \end{aligned}$$

Assim, a solução geral será

$$y_n = C_1(2)^n - C_2(-2)^n + 0.25\left(n2^{n-1} - \frac{2^n}{4}\right) - \frac{1}{3}\left[n^2 + \frac{4n}{3} + \frac{20}{9}\right] + \frac{1}{3}.$$

Depois de substituir estas duas condições iniciais, a solução particular será

$$y_n = \frac{713}{1296}(2)^n - \frac{26}{324}(-2)^n + 0.25\left(n2^{n-1} - \frac{2^n}{4}\right) - \frac{1}{3}\left[n^2 + \frac{4n}{3} + \frac{20}{9}\right] + \frac{1}{3}.$$

2.5.3 Análise do modelo de divisão celular linear:

A representação matemática do modelo linear de divisão celular é dada pela eq. 1.9: C_n - aC_n-i = M, onde η ε N.

Se M for tratado como constante, a solução da equação acima, após substituir a condição inicial, pode ser escrita como:

$$C_n = C_0\alpha_n + \left(\frac{M}{M-\alpha}\right)(1-\alpha_n) \qquad \text{.......... (2.11)}$$

Para a análise de estabilidade, a pode ter os seguintes casos:

i. a = 1 implica uma população constante de células, (estável)

ii. a > 1 implica que o n.º de células passa para ao à medida que a geração avança, (instável)

iii. a < 1 implica que a população se vai nivelando à medida que a geração avança, (assimptoticamente estável)

2.6 Resumo

- Introdução à dinâmica das populações.
- Formulação e solução do modelo do coelho de Fibonacci.
- Método de solução para equações de diferenças lineares com coeficientes constantes.
- Diferentes modelos de células lineares e sua formulação.

CAPÍTULO 3

MODELAÇÃO MATEMÁTICA:

MODELOS LINEARES DE TEMPO DISCRETO NA

POPULAÇÃO

DINÂMICA - II

Ideias anteriores

Previous Idea's

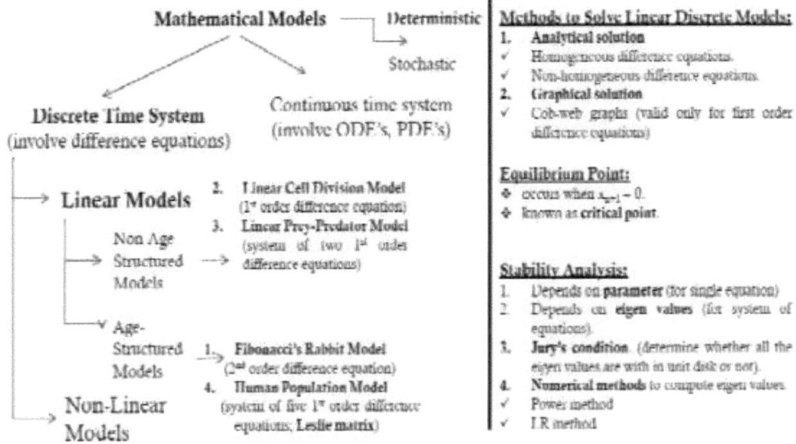

3.1 Modelo linear presa-predador

Considere uma floresta que contém apenas tigres (predador) e veados (presa). Os tigres matam as presas para se alimentarem.

Seja Tn = população de tigres no final do ano "n" e

Dn = população de veados no final do ano "n".

Para formular o modelo, são considerados os seguintes pressupostos:

1. Os veados são as únicas presas dos tigres e os tigres são os únicos predadores dos veados.

2. Os tigres morrerão na ausência de veados, mas a população de veados crescerá também na ausência de tigres.

3. Na presença da população de veados, a taxa de crescimento da população de tigres aumenta.

4. Na presença da população de tigres, a taxa de crescimento da população de veados diminui.

Modelo linear presa-predador:

- Além disso, vamos supor que

a: taxa em que o tigre morre na ausência de veados.

b: taxa de crescimento do tigre na presença de veados, **c:** taxa de crescimento do veado na ausência de tigres, **d:** taxa de morte do veado na presença de tigres.

- Assim, as equações do modelo serão:

$$\Delta T_n = T_{n+1} - T_n = -aT_n + bD_n,$$
$$\Delta D_n = D_{n+1} - D_n = c\,D_n - d\,T_n \quad \text{where, } n \in N. \qquad \dots (3.1)$$

-Na forma matricial, o modelo pode ser escrito como:

$$\begin{bmatrix} T_{n+1} \\ D_{n+1} \end{bmatrix} = \begin{bmatrix} 1-a & b \\ -d & 1+c \end{bmatrix} \begin{bmatrix} T_n \\ D_n \end{bmatrix}$$

3.2 Estabilidade de Sistemas Lineares - Abordagem Matricial

Suponha que um sistema linear é representado como:

$$\begin{bmatrix} T_{n+1} \\ D_{n+1} \end{bmatrix} = \begin{bmatrix} 1-a & b \\ -d & 1+c \end{bmatrix} \begin{bmatrix} T_n \\ D_n \end{bmatrix}$$

$[W_{n+1}] = [A][W_n]$ Onde, [A] é designada por matriz de coeficientes. .... (3.2)

Qualquer ponto de um sistema é designado por ponto de equilíbrio (ponto crítico ou estado estacionário) quando $W_n+i = 0$.

A equação caraterística do sistema (3.2) é dada por

$$\det(A - \lambda \hat{\imath}) = 0.$$

Sejam λí 's as raízes caraterísticas ou valores próprios da matriz [A].

1. Se qualquer um de |λí| > 1, então o sistema é instável em relação ao ponto de equilíbrio.

2. Se todos os |λí| < 1, diz-se que o sistema é estável em torno do ponto de equilíbrio.

3. Se todos os |λí| < 1 (pelo menos um λí= 1), então o sistema é chamado assimptoticamente estável em torno do ponto de equilíbrio.

Exemplo de um modelo linear presa-predador:

Questão: Considere um modelo presa-predador para duas espécies X e Y em que X é o predador e Y é a presa. A taxa de crescimento da presa é de 1,2 enquanto a do predador é de 1,3. A população da presa reduz por um fator de 0,3 vezes a do predador, enquanto a população do predador aumenta 0,4 vezes a da presa. Construa o modelo em tempo discreto e comente a sua estabilidade.

Solução: A partir dos dados fornecidos, a= 0,4; b= 1,3; c= 1,2; d= 0,3. Assim, o modelo formulado é

$$X_{n+1} = 0.6X_n + 1.3Y_n ,$$

$$Y_{n+1} + 1 = 2.2Y_n - 0.3X_n \quad \text{where}, n \in N. \qquad .... (3.3)$$

A matriz de coeficientes,

$$[A] = \begin{bmatrix} 0.6 & 1.3 \\ -0.3 & 2.2 \end{bmatrix}$$

Os valores próprios da matriz dos coeficientes são: λι = 1,4 e Xr = 1,9. Assim, a solução será X_n = $c_1(1,4)^n + c_2(1,9)^n$, $Y_n = c_3(1,4)^n + c_4(1,9)^n$.

Substituindo estas equações de volta no sistema, podemos livrar-nos de 2 constantes em 4 constantes (ci, C2, c3, eл). (Exercício. Verificar que 8Ci = $13c_3$; $c_2 = c_4$) e com a condição inicial dada pode-se encontrar a solução particular.

$$\begin{aligned} X_{n+1} \quad 0.6X_n &= 1.3Y_n \\ c_1(1.4)^{n+1} + c_2(1.9)^{n+1} \quad 0.6(c_1(1.4)^n \quad c_2(1.9)^n = 1.3Y_n) &= 1.3Y_n \\ 0.8c_1(1.4)^n + 1.3c_2(1.9)^n &= 1.3Y_n \\ \frac{8}{13}c_1(1.4)^n + c_2(1.9)^n &= Y_n \end{aligned}$$

Os valores absolutos de ambos os valores próprios são superiores a 1, pelo que o sistema é **instável** em relação ao seu ponto de equilíbrio (0, 0).

O que é que se entende por sistema instável? - Isto significa que o processo continuará e nunca assentará. Quando os predadores aumentam, a população de presas continua a aumentar e vice-versa.

Agora, podemos analisar melhor a situação, quando um dos λ é menor que um e quando ambos os X são menores que um. (Analise! !)

3.3 Solução gráfica da equação de diferença de primeira ordem

1. Até agora, discutimos apenas a solução analítica de equações de diferenças lineares com coeficientes constantes. Mas se nos for dada uma equação de diferenças geral (de primeira ordem) para resolver! ! Estes métodos ajudar-nos-ão? NÃO!

2. Com métodos analíticos, nem sempre é possível obter a solução devido a certas limitações. Por isso, precisamos de outro método geral para lidar com qualquer tipo de equação de diferenças.

3. Neste caso, o método gráfico pode ajudar-nos a analisar a situação. Embora não nos dê a forma de equação do modelo, ajudar-nos-á a compreender o comportamento do sistema.

4. A forma de resolver graficamente equações de diferenças é designada por método da teia de aranha. **Este método só é aplicável a equações de primeira ordem.**

Solução gráfica de uma equação de diferença:

Seja uma equação geral de diferenças de primeira ordem dada como:

$$X_{n+1} = F(X_n). \quad .... (3.4)$$

A metodologia para desenhar teias de aranha é a seguinte:

i. Desenhe o gráfico da função y = F(x).

ii. Desenhe a reta y = x. Marque todos os pontos de intersecção com a curva de y = F(x).

iii. Pegue qualquer ponto arbitrário Al = (xo, 0) no eixo x positivo e coloque uma linha vertical até o gráfico de y = F(x). Aqui obtém-se o ponto Ar = (xo, F(x0)).

iv. A partir do ponto Ar, move-se horizontalmente em direção à linha y= x e pára em Aз = (F(xo), F(xo)). Agora dizemos que xi=F(xo).

V. Mais uma vez, move-se verticalmente do ponto A3 para Aд = (xi, F(xi)) e chama xгг= F(xi). Repete este processo movendo alternadamente na direção horizontal e vertical até encontrares o padrão.

vi. A trajetória poligonal resultante é designada por grafo teia de aranha ou simplesmente teia de aranha.

Solução gráfica de uma equação de diferença:

Estamos a dar aqui um exemplo básico do método da teia de aranha com F(x) = 0,5x.

Ai = (xo, 0), y = X, y = F(x) = 0,5x, Ar = (xo, F(xo)), A3 = (xi, xi), Aд = (xi, F(xi)), A5 = (xг, xг)

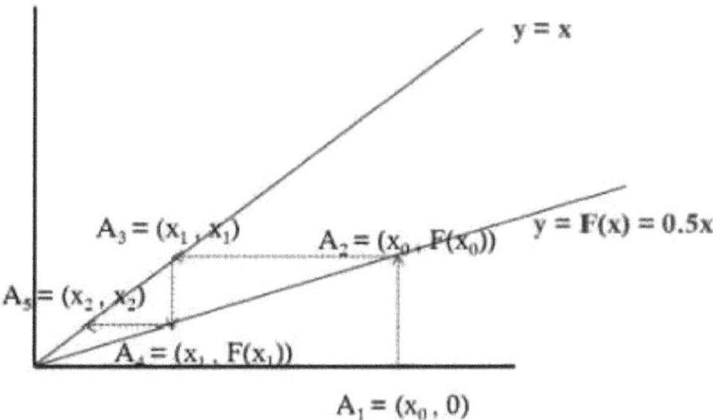

Neste caso, pode observar-se que todos os movimentos verticais e horizontais são monotonicamente decrescentes e , pelo que o sistema é **estável.**

Do mesmo modo, a teia de aranha para F(x) = 1,8x terá o seguinte aspeto:

Ai = (xo, 0), y = X, y = F(x) =1,8x, A_2 = (xo, F(x_0)), A_3 = (xi, xi)

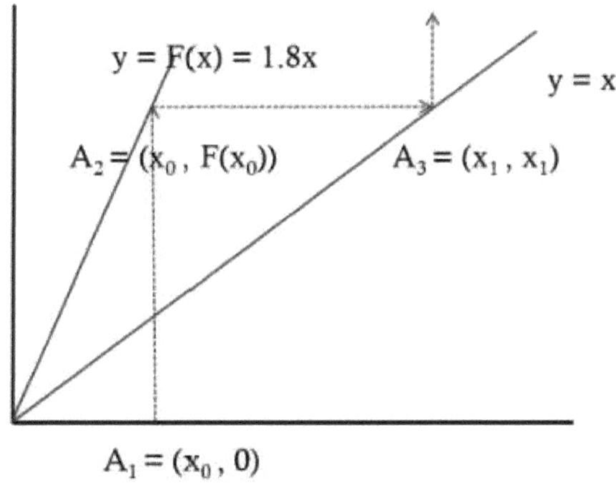

Aqui, podemos observar que todos os movimentos verticais e horizontais estão a aumentar monotonicamente e, por conseguinte, o sistema **não é estável.**

Análise do modelo celular linear por Cobweb:

(i) . Na aula anterior, formulámos o modelo de célula como $C_{n+1} = a\ C_n$. Podemos verificar facilmente a solução analítica com gráficos de teia de aranha para diferentes valores de a.

(ii) . As equações que foram analisadas por cob webbing até agora têm o ponto de equilíbrio na origem (ou seja, apenas equações de diferenças lineares homogéneas).

(iii) . Agora pense na natureza dos gráficos de teia de aranha para equações não homogéneas. Serão graficamente diferentes das homogéneas? (SIM!) E quanto à estabilidade? (NÃO há alterações!) (compare os seus resultados com a solução analítica).

(iv) . Uma vez que já vimos que as equações não homogéneas diferem apenas no ponto de equilíbrio e não afectam a estabilidade. Graficamente, isto significa que o gráfico de F(x) será deslocado pelo parâmetro situado no lado direito (aqui é M).

3.4 Resumo

- Modelos lineares presa-predador - Formulação e solução.
- Solução de Sistemas Lineares e Análise de Estabilidade.
- Método gráfico para equações diferenciais de primeira ordem.

3.5 Alguns exemplos para a resolução de equações diferenciais autónomas simples utilizando métodos gráficos

1. Our goal is to use a graphical approach to solve the continuous dynamical system (or differential equation)

$$\frac{du}{dt} = 1 - u^2/9$$
$$u(0) = u_0$$

for various initial conditions u_0. (We could also have written it as $u'(t) = 1 - u(t)^2/9$.) By solving, we mean determine what $u(t)$ looks like as a function of time, though we won't find a formula for $u(t)$.

a. *The plot of f.* The graphical method for solving differential equations involves two different types of graphs. The first is a plot of the function defining the differential equation. Since our differential equation can be written as $u'(t) = f(u)$ for $f(u) = 1 - u^2/9$, we plot f, shown below.

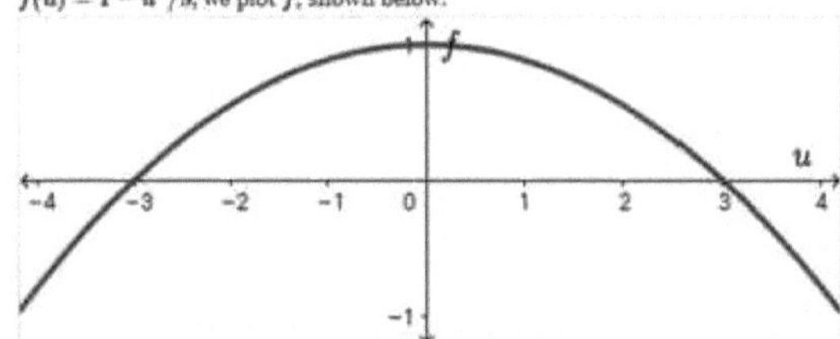

Our continuous dynamical system (or differential equation) has one state variable u, which we could also write as $u(t)$, to emphasize its value depends on time. The variable u lives on the horizontal axis (or u-axis) of above graph. Highlight the horizontal axis thickly to remind us this is where the action occurs.

At first, we'll consider the initial condition $u_0 = -2$. Draw a point on the u-axis at the location $u = -2$. This point shows the initial state of the system, at time $t = 0$.

b. *A plot of the solution.* The second graph will be a graph of the solution $u(t)$ versus time t. The axes for this plot are shown below. In this case, the value of the state variable u is indicated by the vertical axis (which is now the u-axis). Highlight the vertical axis thickly to indicate this vertical axis plays the same role as the horizontal axis, above.

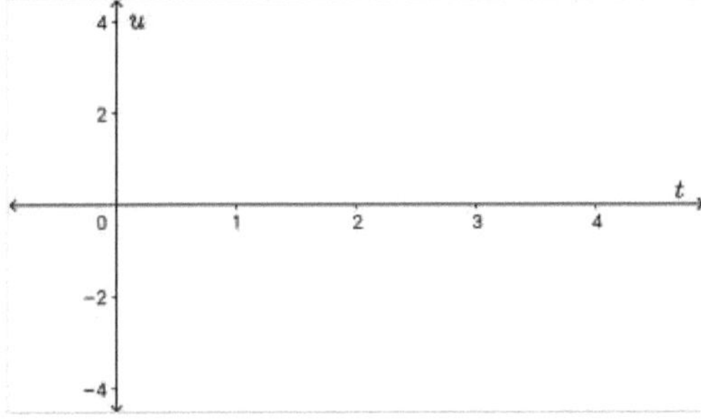

Plot the initial condition $u(0) = u_0 = -2$ as a point on the solution graph. Since this point corresponds to $t = 0$, plot the point directly on the vertical axis.

Algumas perguntas de MCQ:

QI : Se a taxa de crescimento da presa e a taxa de mortalidade do predador forem iguais, então

A) O modelo linear de predador terá 2 equilíbrios

B) A população de presas aumentará exponencialmente

C) A população de predadores diminuirá exponencialmente

D) A população de presas permanecerá constante

Resposta: A) O modelo linear de predador terá 2 equilíbrios

Q2. Considere o modelo linear presa-predador

$$dx/dt = ax - bxy, \quad dy/dt = cxy - dy$$

Quais das seguintes afirmações relativas ao sistema são VERDADEIRAS?

A)Se $b > a$, $d > 0$, $c > 0$, a população do predador aumentará.

B)Se $b < a$, $d > 0$, $c > 0$, a população da presa aumentará.

C)Se $b < a$, $d > 0$, $c > 0$, a população de ambas as espécies aumentará.

D)Se $b > a$, $d > 0$, $c > 0$, a população de ambas as espécies aumentará.

Resposta: B) Se $b < a$, $d > 0$, $c > 0$, a população da presa aumentará.

Q3. O gráfico da equação diferencial $y(n+l)-y(n)=2n$ é:

A) $y(n) = 2^n + C$, em que C é uma constante

B) $y(n) = 2n + C$, em que C é uma constante

C) $y(n) = 2^n - C$, em que C é uma constante

D) $y(n) = 2^n + n + C$, em que C é uma constante

Responda: A) y(n) = 2" + C, em que C é uma constante

Q4. Considere a equação diferencial de primeira ordem dada por y(n+l)=3y(n). A relação recursiva é resolvida por:

A) y(n) = 3" y(0)

B) y(n) = 3ny(0)

C) y(n) = 3^1) y(0)

D)y(n) = 3n + y(0)

Responda: A) y(n) = 3" y(0)

Referências

1. https://def.fe.up.pt/dynamics/linearsystems.html

2. https://mathinsight.org/solving equações diferenciais autónomas simples gráficas

CAPÍTULO 4

MODELAÇÃO MATEMÁTICA:

MÉTODOS MATEMÁTICOS EM FILOGENÉTICA

4.1 Introdução

Desde há décadas que os modelos matemáticos são cada vez mais utilizados em todos os aspectos da investigação por físicos, engenheiros e cientistas informáticos. Assim, a modelação matemática é uma parte importante de todas as actividades científicas e diferentes áreas científicas têm os seus próprios pontos de vista e ideias sobre tipos específicos de modelação [1]. Os modelos são constantemente melhorados para se tornarem mais realistas. Assim, para cada situação, temos uma hierarquia de modelos, cada um mais realista que o anterior e cada um suscetível de ser seguido por um melhor. Um modelo deve incluir a possibilidade de ser melhorado à luz da experiência ou dos dados de observação. Cada modelo contém alguns parâmetros que devem ser estimados. O próprio modelo deve sugerir a experiência ou a observação e o método de cálculo desses parâmetros. Sem esta especificação explícita, o modelo está incompleto. Para criar um modelo computacional e matemático de uma situação, é necessário conhecer a matemática, a informática e a disciplina em que a situação se insere [2-4].

A filogenética é uma aplicação de modelação matemática e computacional, programas e métodos para encontrar a história evolutiva dos organismos. O principal objetivo dos modelos é encontrar uma árvore filogenética que preveja as relações ancestrais de um conjunto de organismos, espécies ou outros taxa [5]. As árvores filogenéticas previstas por modelos matemáticos e computacionais nem sempre produzem a ancestralidade correta entre os organismos em análise [6].

Assim, é necessária uma medida exacta para encontrar a homologia entre as caraterísticas dos diferentes organismos que estão a ser comparados para produzir uma árvore filogenética. Nos estudos morfológicos, as caraterísticas físicas das espécies são medidas utilizando as decisões explícitas e estas caraterísticas são utilizadas para codificar os diferentes estados relacionados com os organismos ou taxa considerados. Nos estudos moleculares, o principal desafio consiste em produzir um alinhamento de sequências múltiplas (MSA) entre as sequências de ADN ou de aminoácidos consideradas. Assim, o MSA entre sequências será utilizado para prever uma árvore filogenética entre elas. Embora alguns dos métodos filogenéticos, como a máxima verosimilhança e a máxima parcimónia, não exijam

a utilização de um MSA inicial de sequências. Os diferentes modelos matemáticos utilizados para estabelecer árvores filogenéticas são apresentados na secção seguinte [7-9].

4.2 Modelos para a árvore filogenética

Existem, em geral, alguns grupos importantes de modelos para construir as árvores filogenéticas das sequências de como os modelos de distância e agrupamento (fenéticos), modelos parcimoniosos (cladísticos), modelos de substituição, modelos teóricos de grafos, etc. [10]. Os diferentes tipos de modelos e as suas categorias hierárquicas são representados da seguinte forma

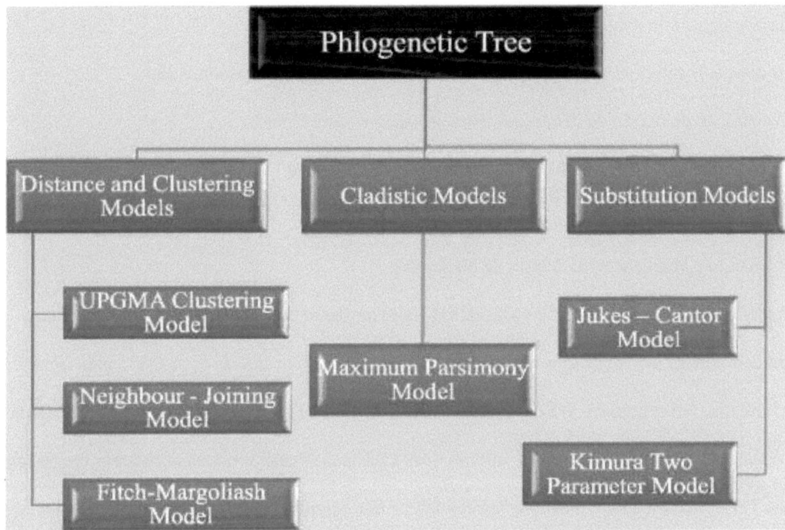

Figura 1: Estrutura hierárquica de diferentes modelos para estabelecer a árvore filogenética.

4.2.1 Modelos de distância e de agrupamento

As árvores filogenéticas são geralmente estabelecidas por semelhanças/dissimilaridades entre sequências de ADN e estas semelhanças podem ser calculadas utilizando diferentes modelos de distância. Vários métodos baseados na distância apresentam toda a informação das dissemelhanças individuais entre pares de sequências num único valor numérico, pelo que foi calculada uma matriz de distância para todas as sequências consideradas. Nos modelos fenéticos, é prevista uma árvore filogenética a partir da matriz de distâncias obtida, utilizando os algoritmos de agrupamento [10]. Para obter uma estimativa inicial da filogenia das espécies, são frequentemente utilizados métodos de distância que podem ser melhorados por métodos mais exactos. Alguns dos modelos baseados na distância são apresentados na subsecção seguinte:

4.2.1.1 Modelo de agrupamento UPGMA (Unweighted pair group method using arithmetic averages)

Este é um modelo básico e mais simples para a construção de uma árvore filogenética. Originalmente, foi desenvolvido para a construção de fenogramas de táxons, mas também pode ser implementado para prever árvores filogenéticas se as taxas evolutivas entre os diferentes organismos/linhagens forem aproximadamente constantes [2, 11-12].

Alguns dos passos importantes utilizados para prever uma árvore filogenética são:

- Construção da matriz de distâncias entre as espécies consideradas.
- Agrupamento de duas unidades taxonómicas operacionais (OTUs) de distância mais curta num nó interno.
- Recálculo e atualização da matriz de distâncias.
- Repetição do processo até que todos os OTUs se agrupem num único cluster.

Este modelo utiliza um algoritmo de agrupamento sequencial em que as duas OTU mais semelhantes foram unidas e, em seguida, a OTU resultante é tratada como uma nova OTU única. O procedimento é repetido vezes sem conta até restarem apenas duas OTUs. A árvore será construída por etapas, em que as duas OTU mais semelhantes são agrupadas e, em seguida, as seguintes mais semelhantes são agrupadas. Trata-se de uma abordagem simples de agrupamento baseada na distância, em que, em cada passo, as sequências próximas com menor distância são agrupadas e é criado um novo nó. O algoritmo [12] começa com uma matriz de distância!) = $\{d_{a0}\}$ entre todas as sequências de ADN.

Se d_{ab} é a dissemelhança/distância entre duas sequências *a* e *b,* então d_{AB} é a dissemelhança/distância entre dois clusters *Ci* e *Cj*, ou seja, grupos de sequências *A* e *B,* é dada como [2]:

$$d_{AB} = \frac{1}{|A||B|} \sum_{a \in A} \sum_{b \in B} d_{ab} \qquad \text{........... (4.1)}$$

Onde |A| e |B| representa o número de sequências no cluster *A* e *B,* respetivamente. Um novo nó *'k'* é colocado na árvore, com os nós filhos 7' e *'j',* e mantém-no a uma altura

$$\frac{d_{ij}}{2} \qquad \text{.......... (4.2)}$$

Os clusters *Ct* e *Cj* são removidos do conjunto de clusters e C_k é adicionado com distâncias $d_k i$ entre todos os outros clusters *I.* Este procedimento é repetido até restarem apenas dois clusters, e *Cj,* e o nó final, a raiz, é colocado à altura $\frac{d_{ij}}{2}$.

O método UPGMA é rápido, simples e fácil de utilizar e tem a capacidade de fornecer uma raiz bem definida da árvore. Tem, no entanto, alguns inconvenientes: a capacidade de enraizar uma árvore filogenética implica a imposição ou a imposição de uma restrição aos comprimentos dos ramos, ou seja, as distâncias entre os nós pendentes (ou folhas) e as raízes permanecem iguais para todas as espécies (ou linhagens). O constrangimento aqui mencionado é chamado constrangimento do relógio molecular, que diz que as sequências de ADN evoluem ao mesmo ritmo durante toda a árvore da vida. Para muitos organismos/espécies, os resultados obtidos por UPGMA podem não ser corretos quando a restrição do relógio molecular é violada [2].

4.2.1.2 Modelo de vizinhança-junção (NJ)

O pressuposto do modelo UPGMA sugere que as sequências de ADN divergem a uma taxa constante. Os comprimentos dos bordos obtidos na árvore evolutiva podem ser visualizados como tempos medidos por um relógio molecular. Sempre que as sequências consideradas no estudo tenham taxas de substituição diferentes, o modelo UPGMA dará uma topologia de árvore incorrecta [13]. Um método avançado denominado Neighbour- joining (NJ) produzirá uma árvore mais exacta se este pressuposto não se verificar. Ao contrário do UPGMA, o algoritmo NJ regista os nós e não os grupos de sequências. A árvore filogenética Neighbour- joining foi construída a partir de uma árvore em forma de estrela, agrupando OTUs com a distância mais curta entre os comprimentos dos ramos. Este modelo é muito adequado para descendentes de conjuntos de dados com taxas de evolução muito variáveis [8, 12-14].

Alguns passos importantes para a previsão de uma árvore filogenética utilizando o modelo NJ são [15]:

- Para começar com a árvore em forma de estrela e a matriz de distâncias.
- Agrupamento das duas espécies mais semelhantes num nó e cálculo do comprimento do ramo.
- Para recalcular o comprimento do ramo e a matriz de distância e construir uma nova árvore.
- Todo o processo é repetido até que apenas um terminal esteja presente.

Assim, o Neighbour Joining é aplicado para calcular o comprimento do ramo e recalcular a matriz de distância [12-13, 15].

ou $r_i = \frac{d_{ik}}{n-2}$ ....(4.3)

e $D_{ij} = d_{ij} - r_i - r_j$ ....(4.4)

em que d_{ik} representa a soma de todas as distâncias entre um nó (i) e todos os nós (fc) da estrela,'n' é o número de sequências que restam na estrela, d_{ij} representa a distância entre o nó

(1) e o nó *(f)* e denota a matriz de distância obtida e foi utilizada para manter o novo nó interno a uma distância correta dos dois nós terminais e r_j foi calculado da mesma forma que η [15]. Além disso

$$d_{ix} = \frac{d_{ij} + r_i - r_j}{2} \quad ....(4.5)$$

em que d_{ix} representa a distância entre o novo nó interno (x) e o nó terminal *(i)*

e $d_{jx} = d_{ij} - d_{ix}$ ....(4.6)

onde d_{jx} apresenta a distância entre o novo nó interno (x) e o outro nó terminal (i).

Agora $d_{xm} = \frac{d_{im} + d_{jm} - d_{ij}}{2}$ .... (4.7)

onde d_{xm} apresenta a distância entre o novo nó (x) e todos os nós na estrela restante.

Este método é comparativamente rápido e, portanto, adequado para analisar conjuntos de dados maiores. Calcula os comprimentos dos ramos e permite a correção de substituições múltiplas. A desvantagem deste método é que constrói apenas uma árvore filogenética possível e, por conseguinte, em certas condições, produz uma árvore enviesada, comprime a informação da sequência e depende fortemente do modelo evolutivo aplicado.

4.2.1.3 Modelo Fitch-Margoliash (FM)

O método dos mínimos quadrados ponderados foi utilizado pelo modelo de Fitch-Margoliash para agrupar sequências com base nas suas distâncias genéticas [16-19]. No processo de construção da árvore filogenética, é dado mais peso às sequências estreitamente relacionadas. O método calcula as distâncias lineares entre as espécies e o critério de linearidade para as dissimilaridades/distâncias sugere que os valores esperados dos comprimentos dos ramos para dois ramos individuais na árvore filogenética devem ser iguais ao valor esperado da soma das distâncias de dois ramos - uma propriedade aplicada às sequências de ADN apenas quando estas foram corrigidas para a possibilidade de mutações posteriores em locais individuais. A correção deste tipo pode ser conseguida utilizando uma matriz de substituição semelhante à derivada do conhecido modelo de evolução do ADN denominado modelo de Jukes-Cantor. Esta correção das distâncias é importante na prática, uma vez que as taxas de evolução entre os ramos da árvore filogenética são diferentes.

A exatidão do critério dos mínimos quadrados utilizado para encontrar estas dissimilaridades/distâncias é elevada, mas a eficiência é inferior à dos métodos NJ. As melhorias introduzidas nestes métodos podem ser aplicadas com custos computacionais mais elevados para corrigir as correlações entre distâncias resultantes de muitas sequências semelhantes no conjunto de dados em causa. O método estima uma árvore filogenética assumindo a aditividade dos comprimentos dos ramos e não assume qualquer relógio molecular.

A árvore filogenética óptima correspondente aos dados de distância será a árvore que minimiza uma medida de distinguibilidade entre as distâncias obtidas entre as espécies ao longo dos ramos da árvore e as distâncias originais entre as espécies.

O modelo de Fitch-Margoliash é dado por [20]:

$$E = \sum_{i=1}^{T-1} \sum_{j=i+1}^{T} W_{ij} \left| d_{ij} - p_{ij} \right|^2 \qquad \text{............ (4.8)}$$

E representa o erro de ajuste das distâncias à árvore filogenética

T representa o número de espécies

W_{ij} representa o peso que varia com a separação das espécies

d_{ij} representa a estimativa da distância entre pares

p_{ij} representa a distância entre o nó i e o nó j na árvore filogenética.

As principais vantagens do método FM são o facto de testar mais do que uma árvore e a otimização global da árvore através da utilização de critérios matemáticos/estatísticos. As limitações deste método são o facto de exigir um tempo de execução longo em comparação com o modelo NJ, mas ainda assim bastante prático em alguns computadores, para conjuntos de dados típicos. Não tem em conta os antepassados intermédios, não considera as homoplasias a longas distâncias e as longas distâncias evolutivas serão subestimadas [16, 20].

4.2.2 Modelos cladísticos

Para calcular as árvores filogenéticas, podem ser consideradas várias vias possíveis de evolução baseadas em métodos de parcimónia ou de verosimilhança. As árvores resultantes são designadas por cladogramas. Os modelos cladísticos utilizam cada posição de alinhamento como informação evolutiva para construir uma árvore filogenética. O princípio subjacente ao método cladístico é a parcimónia. Em contraste com os métodos fenéticos, os métodos cladísticos dão mais ênfase à origem evolutiva das espécies do que às relações [4, 10]. Os modelos cladísticos assumem que um conjunto de sequências de ADN descende de um antepassado comum através de mutações, processos de seleção sem transferências horizontais de genes ou hibridação. Estes métodos são melhores para comparar árvores em estudo com uma árvore conhecida e um conceito importante nos métodos cladísticos é o de sítios informativos e não informativos.

4.2.2.1 Modelo de máxima parcimónia

A máxima parcimónia é um método baseado em caracteres e o conceito de parcimónia está no cerne de todos os métodos baseados em caracteres para a construção de árvores filogenéticas [21-22]. Num sentido biológico, tem sido utilizado para elaborar o processo de dar preferência a uma árvore (ou via) evolutiva em detrimento de outra, que se baseia no conceito de envolver o menor número de eventos mutacionais. Árvores filogenéticas representam modelos teóricos que descrevem a história evolutiva de três ou mais sequências. As duas premissas subjacentes à parcimónia biológica são bastante simples;

- As mutações são acontecimentos extremamente raros nas sequências e
- A correção do modelo depende da probabilidade ou improbabilidade do acontecimento que um modelo invoca.

O método da máxima parcimónia foi originalmente desenvolvido para caracteres morfológicos [21]. Todas as topologias de árvores possíveis foram procuradas por este método para obter a árvore filogenética óptima. Além disso, o número de árvores não enraizadas que têm de ser analisadas rapidamente aumenta com o número de OTUs. O número de árvores enraizadas e não enraizadas que podem ser produzidas para $'n'$ OTUs é dado pelas fórmulas [21-22]:

$$N_R = \frac{(2n-3)!}{2^{n-2}(n-2)!} \; for \; n \geq 2 \qquad \text{...........} \quad (4.9)$$

E

$$N_U = \frac{(2n-5)!}{2^{n-3}(n-3)!} \quad for\ n \geq 3 \qquad .... (4.10)$$

Na parcimónia, são utilizados dois termos para inferir a relação filogenética que são os sítios informativos e não informativos. Os sítios que têm informação são informativos e os que não têm são não informativos. Um sítio informativo de parcimónia é aquele em que pelo menos duas sequências partilham um estado de carácter (ou seja, uma base de ADN) e duas outras partilham um estado de carácter diferente. A tabela para a informação de sítios informativos e não informativos é a seguinte

Quadro 1: Informação dos sítios informativos e não informativos [10]

Sequências / Posições → ↓	1	2	3	4
Sequência 1	G	G	G	G
Sequência 2	T	G	A	G
Sequência 3	A	T	T	A
Sequência 4	C	T	C	A

Nesta tabela, as posições 2 e 4 são informativas, enquanto as posições 1 e 3 não são informativas. Além disso, a avaliação da pontuação de parcimónia é formulada da seguinte forma

A distância de Hamming entre duas sequências de igual comprimento *"x"* e *"y"*, denotada por H(x, y), é o número de posições em que x_i e y_i são diferentes [10]. Para uma árvore filogenética *T* completamente etiquetada, isto é, uma árvore filogenética em que cada nó *'v'* é etiquetado por uma sequência S_v num alfabeto qualquer Σ, , e define a distância de Hamming de uma aresta *e E E(T),* denotada por H(e)como $H(S_U,S_V)$, em que *'u'* e *'v'* denotam os dois pontos finais de 'e'e define a pontuação de parcimónia de uma árvore filogenética T como

Entrada: Conjunto S de *'n'* sequências alinhadas de comprimento *k*.

Resultado: Uma árvore filogenética *T* é rotulada por sequências em *S* e adicionais sequências de comprimento *κ* que rotulam os nós internos de *T* de tal modo que

$\sum H(i,j)$ é minimizado (4.11)

Vamos agora ilustrar alguns dos passos importantes necessários para construir uma árvore filogenética parcimoniosa [10]:

- Comece com o alinhamento múltiplo das sequências.
- Construção de todas as topologias possíveis de árvores com base em alterações evolutivas para pontuar cada uma dessas topologias.
- Seleção de uma árvore filogenética com o menor número de alterações evolutivas como árvore final. A principal vantagem deste método é o facto de o seu tempo de execução ser muito reduzido. O método baseia-se em caracteres partilhados e derivados e, por conseguinte, não reduz a informação da sequência a um único número e tenta fornecer informações sobre as sequências ancestrais e avaliar diferentes árvores filogenéticas [23]. As limitações prendem-se com o facto de a informação sobre o comprimento dos ramos não ser fornecida, de ser lento em comparação com os métodos de distância e de produzir árvores tendenciosas em determinadas condições.

4.2.3 Modelos de substituição

Na reconstrução filogenética, a verosimilhança refere-se à probabilidade de visualizar um determinado conjunto de dados como uma árvore afilogenética e um modelo evolutivo. Assim, os modelos de substituição utilizados nos cálculos de verosimilhança desempenham um papel vital na inferência de filogenias. Muitos desses modelos de substituição de aminoácidos e nucleótidos foram propostos na literatura [24].

Em filogenética, as sequências são frequentemente obtidas obtendo primeiro um alinhamento da sequência de proteínas ou de nucleótidos e, em seguida, tomando como caracteres os aminoácidos ou as bases das sequências em posições correspondentes no alinhamento. Existem vários métodos de substituição baseados em modelos probabilísticos, que tentam dar uma estimativa mais exacta da proporção de nucleótidos diferentes [25].

4.2.3.1 Modelo Jukes - Cantor (JC)

O primeiro e mais simples modelo de substituição de nucleótidos proposto foi o modelo de Jukes - Cantor [26]. Trata-se de um modelo que calcula a probabilidade de substituição de um estado de nucleótidos por outro. Também se pode obter uma fórmula para calcular a distância entre duas sequências utilizando este modelo.

A probabilidade de mudar um nucleótido da sequência de um estado para outro permanece a mesma, o que constitui o pressuposto subjacente à ideia principal deste modelo. Assumimos também que os diferentes sítios são independentes uns dos outros. Partindo deste pressuposto, foi criado um modelo matemático (Figura 2) em que a taxa de alteração de qualquer um dos três nucleótidos alternativos foi assumida como *'a'* e a taxa global de substituição de um determinado nucleótido é $r = 3\alpha$.

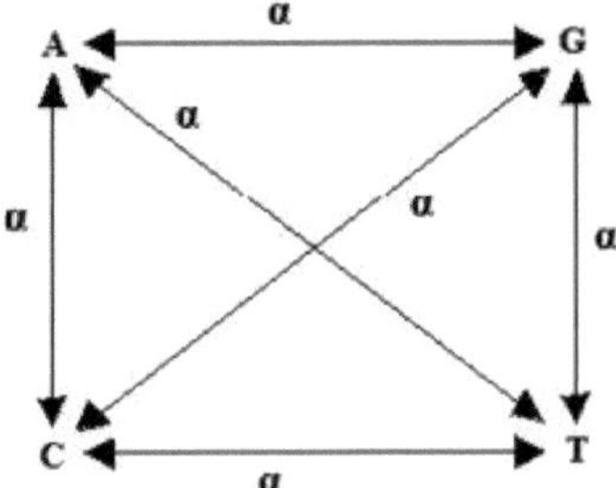

Figura 2: Modelo de Jukes - Cantor de substituição de nucleótidos com todos os nucleótidos alterados para cada um dos três nucleótidos alternativos à mesma taxa *a*.

Neste modelo, as duas matrizes para o cálculo da probabilidade de substituição P(t) e Q(t) são utilizadas como indicado abaixo, em que *T'* é a distância entre duas sequências [26-27].

$$P(t) = \begin{bmatrix} 1-3f(t) & f(t) & f(t) & f(t) \\ f(t) & 1-3f(t) & f(t) & f(t) \\ f(t) & f(t) & 1-3f(t) & f(t) \\ f(t) & f(t) & f(t) & 1-3f(t) \end{bmatrix} \begin{matrix} A \\ T \\ G \\ C \end{matrix} \quad (\text{colunas: } A \; T \; G \; C) \qquad \ldots\ldots. \; (4.12)$$

- Os elementos da matriz acima representam a probabilidade de substituição. Por exemplo, o elemento f(t) pertencente à coluna 2 e à linha 3 representa a transição de G para T (ou vice-versa) no tempo t.
- /(t) denota a probabilidade de variação de um nucleótido para outro em função do tempo (t) e é denotado por *Ptj(f) para e pu(f)* = (1 - 3/(t).
- Assumindo que a soma de cada linha é igual a 1, os valores dos elementos da diagonal foram obtidos [26].

Agora

$$P'(t) = \begin{bmatrix} -3f'(t) & f'(t) & f'(t) & f'(t) \\ f'(t) & -3f'(t) & f'(t) & f'(t) \\ f'(t) & f'(t) & -3f'(t) & f'(t) \\ f'(t) & f'(t) & f'(t) & -3f'(t) \end{bmatrix} \qquad \ldots\ldots \; (4.13)$$

Em $t = 0, f(0) = a$, logo

$$Q = P'(0) = \begin{bmatrix} -3f'(0) & f'(0) & f'(0) & f'(0) \\ f'(0) & -3f'(0) & f'(0) & f'(0) \\ f'(0) & f'(0) & -3f'(0) & f'(0) \\ f'(0) & f'(0) & f'(0) & -3f'(0) \end{bmatrix} = \begin{bmatrix} -3\alpha & \alpha & \alpha & \alpha \\ \alpha & -3\alpha & \alpha & \alpha \\ \alpha & \alpha & -3\alpha & \alpha \\ \alpha & \alpha & \alpha & -3\alpha \end{bmatrix} \quad \text{.... (4.14)}$$

De acordo com o modelo atual, o número esperado de substituições de nucleótidos por local para as duas sequências é 2rt. Por conseguinte, *"t"* é dado por [26]

$$t = -\frac{3}{4} log\left[1 - \frac{4}{3}p\right] \quad \text{...... (4.15)}$$

em que "t" é a distância entre duas sequências e

$$P_{distance} = \frac{No.\ of\ different\ substitution}{Total\ no.\ of\ positions\ in\ the\ sequence} \quad \text{...... (4.16)}$$

No modelo acima, assumiu-se que a taxa de substituição de nucleótidos é a mesma para todos os pares de nucleótidos, pelo que as frequências esperadas de A, C, T e G acabarão por ser iguais a 0,25.

4.2.3.2 Modelo de dois parâmetros de Kimura (K2P)

As limitações do modelo J. C. básico foram abordadas pelo modelo de Kimura, que é conhecido como uma extensão do modelo JC [25,28]. O modelo distingue dois tipos de substituições nomeadamente:

Transições, em que uma purina foi substituída por outra purina $(A \leftrightarrow G)$ ou uma pirimidina foi substituída por outra pirimidina $(C \leftrightarrow T)$, e Transversões, em que uma purina é substituída por uma pirimidina ou vice-versa $((A \text{ or } G) \leftrightarrow$

Este modelo considera que as taxas de transversões e transições são diferentes. A taxa de substituição total por sítio é, portanto, dada por $a + 2ß$, em que a é a taxa de transição e $ß$ é a taxa de transversão.

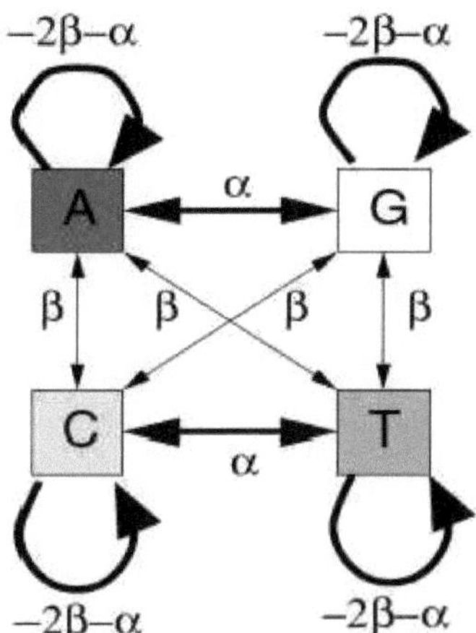

Figura 3: Modelo de Kimura de dois parâmetros de substituição de nucleótidos com todas as alterações de nucleótidos que ocorrem a duas taxas diferentes: a para transições e β para transversões [2].

Neste modelo, utilizando o cálculo da probabilidade de substituição, em que *A(t)* é a probabilidade de uma substituição de transição no momento *t* e B(t) é a probabilidade de uma substituição de transversão no momento *t*, temos a seguinte matriz de substituição [2, 28]:

$$P(t) = \begin{array}{c} \begin{matrix} A & T & G & C \end{matrix} \\ \begin{bmatrix} 1-A(t)-2B(t) & B(t) & A(t) & B(t) \\ B(t) & 1-A(t)-2B(t) & B(t) & A(t) \\ A(t) & B(t) & 1-A(t)-2B(t) & B(t) \\ B(t) & A(t) & B(t) & 1-A(t)-2B(t) \end{bmatrix} \begin{matrix} A \\ T \\ G \\ C \end{matrix} \end{array} . \quad (4.17)$$

À semelhança do que fazemos no modelo JC, calculamos a matriz *P'(t)* tomando a derivada em relação a tot de ambos os lados da equação acima:

Assim, a distância de dois parâmetros de Kimura é dada por [25]:

$$d = -\frac{1}{2}ln(1-2P-Q) - \frac{1}{4}ln(1-2Q) \quad \text{........} \quad (4.18)$$

em que *P* é a proporção de sítios que apresentam diferenças transversais e Ç é a proporção de sítios que apresentam diferenças transversais.

Estes tipos de modelos são utilizados principalmente para a substituição de ADN, porque o número reduzido de parâmetros utilizados para a estimativa torna-os viáveis e simples. No entanto, as sequências de ADN são longas e necessitam de soluções relativamente optimizadas para fins específicos (por exemplo, estabilidade ou expressão rápida), dependendo das espécies e do tipo de genes, pelo que é necessário ajustar o modelo em função das situações.

4.3 Questões e desafios

A interação entre a matemática, a biologia e a informática tem sido uma vasta área de investigação há mais de um século. A interface entre ambas apresenta desafios e oportunidades para matemáticos, cientistas informáticos e biólogos. Com o advento das novas tecnologias e a explosão de uma grande quantidade de dados biológicos, muitas oportunidades e desafios surgiram nos últimos 10 a 20 anos. No entanto, a singularidade das sequências e sistemas biológicos que moldaram as teorias evolutivas colocará novos problemas e dificuldades, conduzindo assim ao desenvolvimento de novos modelos matemáticos e computacionais [29].

Muitos desafios actuais e futuros para os matemáticos e cientistas informáticos, motivados por questões de genética, biologia molecular e evolução molecular, exigirão novas técnicas e teorias. Estes desafios envolvem:

Comparar duas sequências de ADN ou de proteínas e procurar dissemelhanças ou semelhanças necessárias para a criação de novos modelos e algoritmos.

Utilização de diferentes dados de sequências de ADN para estabelecer árvores filogenéticas

Analisar caraterísticas geneticamente complexas como a transferência horizontal de genes, a hibridação, etc.

Construir as redes filogenéticas entre as sequências de ADN de diferentes organismos. Assim, tendo em conta as questões acima referidas, a colaboração entre matemáticos, cientistas informáticos e biólogos é essencial para desenvolver os métodos matemáticos e outros métodos de modelação a utilizar no domínio da biologia.

Referências

[1] Ching, L. & Casim, A.S. (1999), "Tópicos em biologia molecular computacional", conferências 7, 8 e 9.

[2] Dirk, H., Richard, D. & Stephen, R. (2005) "Book on Probabilistic Modeling in Bioinformatics and Medical Informatics", Springer Publication.

[3] He, M. & Petoukhov, S. (2011), "Mathematics of Bioinformatics: Teoria, Prática e Aplicações", John Wiley & Sons, Inc., Hoboken, New Jersey.

[4] Huson, D. H., Rupp, R., & Scomavacca, C. (2011), "Phylogenetic Networks: Concepts, Algorithms and Applications", Cambridge University Press, Reino Unido.

[5] . George, S., Jo, D., &Ian, N. R. (2003), "Current approaches to whole genome phylogenetic analysis", *Briefings in Bioinformatics,* 4, 63-74.

[6] Kimura, M. (1981). Estimativa de distâncias evolutivas entre sequências de nucleotídeos homólogos, *Proceedings of National Academy of Sciences USA,* 78, 454- 458.

[7] Aloysius, P., Daniel, J., &Ward, W. (2000), "Multiple Sequence Alignment in Phylogenetic Analysis", *Molecular Phylogenetics and Evolution,* 16(3), 317-330.

[8] . Ana, E. A. da Silva, Wilfredo, J. P. V., Helder, K.V.B., Sergio, F. dos Reis, & Fernando, J. V. Z. (2005), "A multi-neighbor-joining approach for phylogenetictree reconstruction and visualization", *Genetics and Molecular Research,* 4 (3), 525-534.

[9] . Cardona, G., et al. (2008), "A perl package and an alignment tool for phylogenetic networks", *BMC Bioinformatics,* 9, 175.

[10] . Chouhan, U. (2009), "Computational approach for phylogenetic analysis under reticulate evolution", Tese de Doutoramento, Índia.

[11] . Diday, E. & Bertrand, P. (1986), "An extension of hierarchical clustering: the pyramidal representation", In Gelsema E. and Kanal L. (eds), *Pattern Recognition in Practice,* North Holland, Amsterdam, 411-4241.

[12] . Gascuel, O. (1997), "BIONJ: uma versão melhorada do algoritmo NJ baseada num modelo simples de dados sequenciais", *Molecular Biology and Evolution,* 14, 685-695.

[13] . Atesson, K. (1999), "The performance of neighbor-joining methods of phylogenetic reconstruction", *Algorithmica,* 25, 251-278.

[14] . Gascuel, O. (1997), "Concerning the NJ algorithm and its unweighted version, UNJ", In: B Mirkin, F R McMorris, F Roberts e A Rzhetsky, eds. Mathematical hierarchies and Biology, *DIMACS Series in Discrete Mathematics and Theoretical Computer Science.* Providence, RI: American Mathematical Society, 149-170.

[15] . Saitou, N. & Nei, M. (1987), "The neighbor-joining method: a new method for reconstructing phylogenetic trees", *Molecular Biology and Evolution,* 4(4), 406-425.

[16] . Felsenstein, J. (1997), "An alternating least-squares approach to inferring phylogenies from

pairwise distances". *Systematic Zoology,* 46,101-111.

[17] . Fitch, W. M. (1997), "Networks and viral evolution", *Journal of Molecular Evolution,* 44, 65-75.

[18] . Makarenkov, V. & Lapointe, F. J. (2004), "A weighted least-squares approach forinferring phylogenies from incomplete distance matrices", Bioinformatics, 20, 2113-2121.

[19] . *\vtpp://en. wikipedia. org/wiki/Computational_phylogenetics*

[20] . ftp.cse.sc.edu/bioinformatics/notes/020307patel.doc

[21] . *Jin, G. et al. (2007), "Efficient parsimonious based methods for phylogenetic network reconstruction", Bioinformatics, 23, 123-128*

[22] . *Jin, G. et al. (2007), "Inferring phylogenetic networks by the maximum parsimony criterion: a case study",* Molecular Biology and Evolution, *24, 324-337.*

[23]]. www.icp.ucl.ac.be/~opperd/private/parsimony.html

[24] . Felsenstein, J. (1981), "Evolutionary trees from DNA sequences: a maximum likelihood approach", *Journal of Molecular Evolution,* 17, 368-376.

[25] . Kimura, M. (1980), "A simple method for estimating evolutionary rate of base substitutions through comparative studies of nucleotide sequences", *Journal of Molecular Evolution,* 16, 111-120.

[26] . Jukes, T. H., & Cantor, C. R. (1969), "Evolution of protein molecules", In Munro (ed.), *Mammalian Protein Metabolism,* Academic Press, New York, 121-132.

[27] . www.tau.ac.il/~doronadi/jc.pdf

[28] . www.tau.ac.il/~penn/K2P.doc

[29] . He, M. & Petoukhov, S. (2011), "Mathematics of Bioinformatics: Theory, Practice, and Applications", John Wiley & Sons, Inc., Hoboken, New Jersey.

"Cada fim pode ser um novo começo".

Printed by Books on Demand GmbH, Norderstedt / Germany